感谢 BJD 和喜欢 BJD 的人们
热爱是最大的天赋

热爱

天霸 BJD 娃娃妆造作品集

天霸 著

人民邮电出版社
北京

图书在版编目（CIP）数据

热爱 ：天霸BJD娃娃妆造作品集 / 天霸著. -- 北京：
人民邮电出版社，2021.12
ISBN 978-7-115-57547-0

Ⅰ. ①热… Ⅱ. ①天… Ⅲ. ①化妆－造型设计－图集
Ⅳ. ①TS974.1-64

中国版本图书馆CIP数据核字(2021)第201813号

内 容 提 要

BJD即球形关节人偶，以精致美型的外观、关节可动的特点受到欢迎。

本书是BJD娃娃化妆师天霸化妆、造型作品集，展示了天霸从业多年的近200个妆造作品。作者在书中将自己创作的BJD娃娃妆造作品按照时间顺序梳理为5章，并分享了自己的心路历程。本书向读者展示了一个BJD新人化妆师的成长历程，以及这门小众爱好焕发的无限美好和生命力。

本书适合BJD娃圈爱好者、化妆师、从业者阅读和参考。

◆ 著　　　天　霸
责任编辑　魏夏莹
责任印制　周昇亮

◆ 人民邮电出版社出版发行　　北京市丰台区成寿寺路 11 号
邮编　100164　　电子邮件　315@ptpress.com.cn
网址　https://www.ptpress.com.cn
北京尚唐印刷包装有限公司印刷

◆ 开本：889×1194　1/16
印张：10.5　　　　2021 年 12 月第 1 版
字数：269 千字　　　2021 年 12 月北京第 1 次印刷

定价：138.80 元

读者服务热线：(010)81055296　印装质量热线：(010)81055316
反盗版热线：(010)81055315
广告经营许可证：京东市监广登字 20170147 号

PREFACE
前言

你好！我是天霸。

这是我的第一本作品集，记录了从 2017 年开始，我对 BJD 妆面、造型的热爱和追求。

我从大三开始进行基础的妆面练习，接着为了拍摄更有表现力的妆图开始学习摄影，到后来因为不满足于市面上能买到的配件，又踏进了给娃制作眼珠、假发、首饰的领域。

大家玩娃的经历多多少少有些相似吧？为了让他们更加完美，需要“点亮”好多技能，我们也因此变成了更好的自己，提升了很多啊。

天霸

2021.11.9

CONTENTS
目录

2021

秋 /006　夏 /012　春 /020

冬 /087　秋 /091　夏 /101　春 /110

冬 /142　秋 /151　夏 /157　春 /165

2020

冬 /032　秋 /049　夏 /059　春 /077

2018

冬 /119　秋 /122　夏 /128　春 /133

2021

这本书采取“倒叙”的方式向大家展示我的作品，这样从后往前看自己的“妆师之路”，也是一种奇妙的体验。

2021 年，在“给娃化妆”这件事上我已经坚持了超过一万个小时，创作的过程都是自由愉快的，几乎没有什么会让我难过、纠结。当然会遇到很有挑战的项目，不过我会享受解决难题的每一秒钟。每次给娃制作出合适的眼珠、假发、首饰等配件，我都感觉十分兴奋。

这种状态实在太棒了！虽然每天的安排很满，但每项工作都是我所热爱的。无时无刻不想感谢 5 年前的自己，那么勇往直前无所畏惧地冲进了这个梦幻的领域。

2021 年我开始苦练建模，钻研人体解剖知识，希望很快就能让大家看到诞生于我手中的娃娃。

秋

2021 Sep. 九月

NICENICE

2021 May. 五月

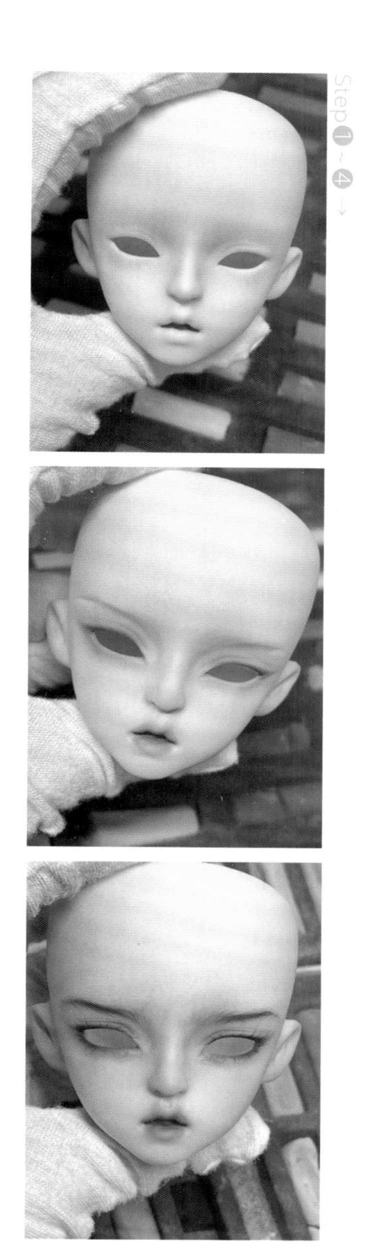

Step 1 ~ 4 →

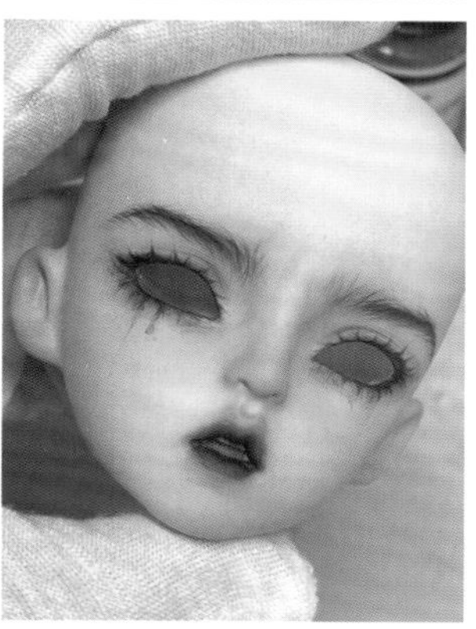

春

2021 Mar. 三月

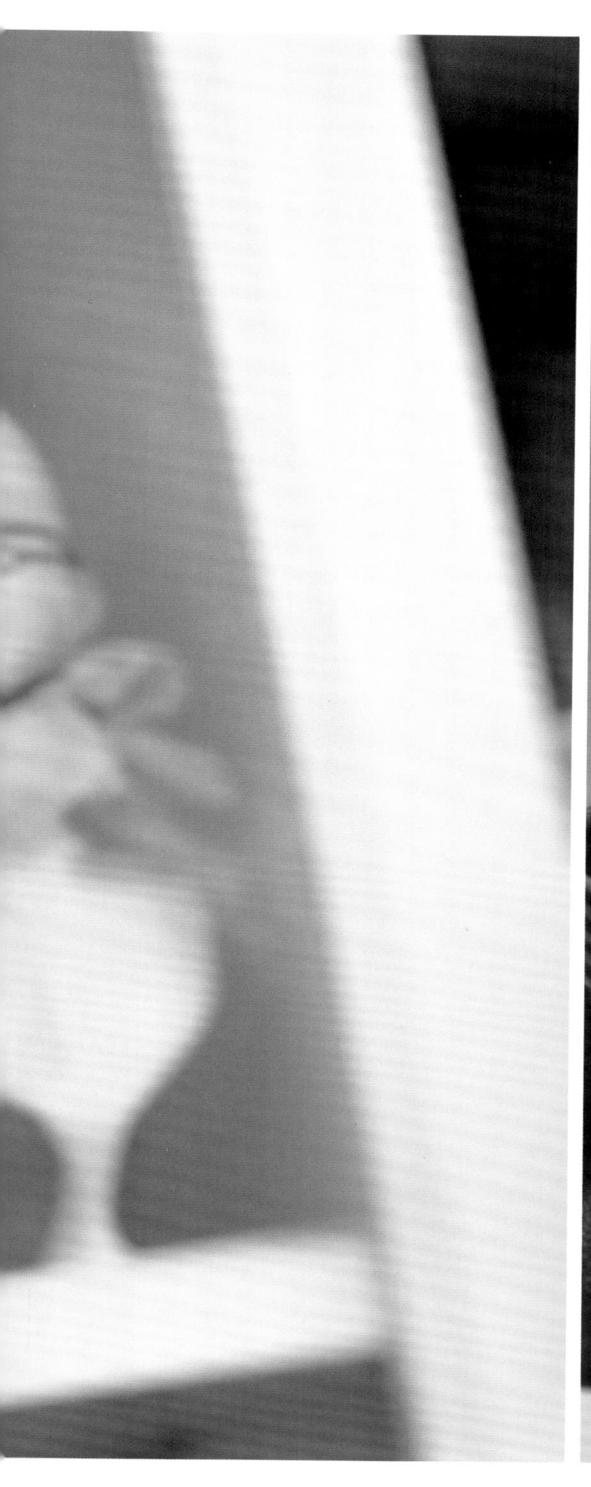

NEW

2020

2020 年，我长久地待在家中，学习了一些新技能，如制作绕线首饰。制作出来的首饰可以用来完善我的作品。有了眼珠、假发、配饰的帮助，我对妆面的理解和把握更深刻、全面了。这些因素组合在一起就能构成一个较为完整的作品。

我希望体现出 BJD 的性格，传达 BJD 的情绪，让读者看到每张图片，都会感觉到他 / 她的背后一定有着动人的故事。

2020

Nov. 十一月

Step 1 ~ 8 →

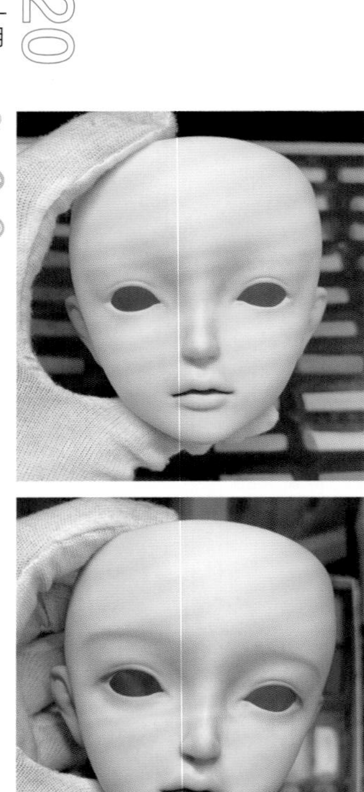

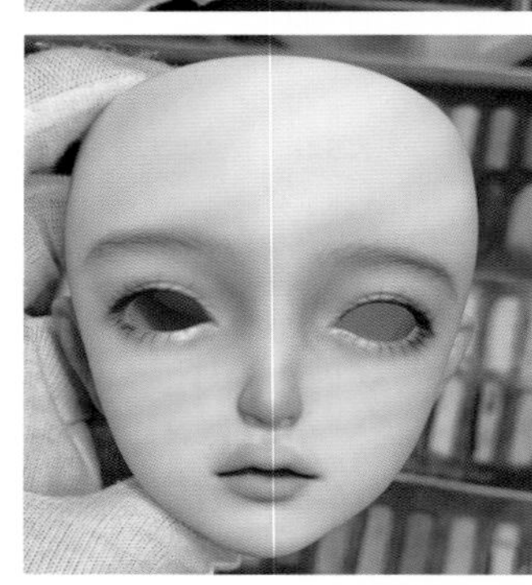

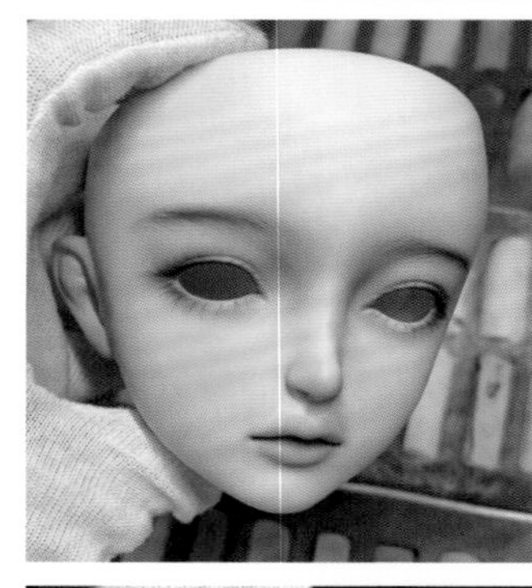

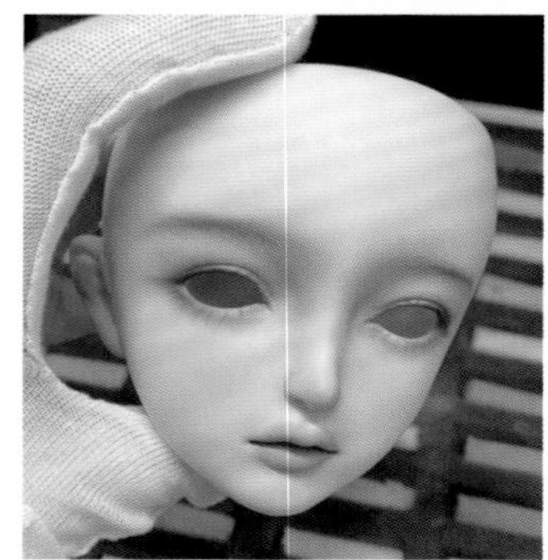

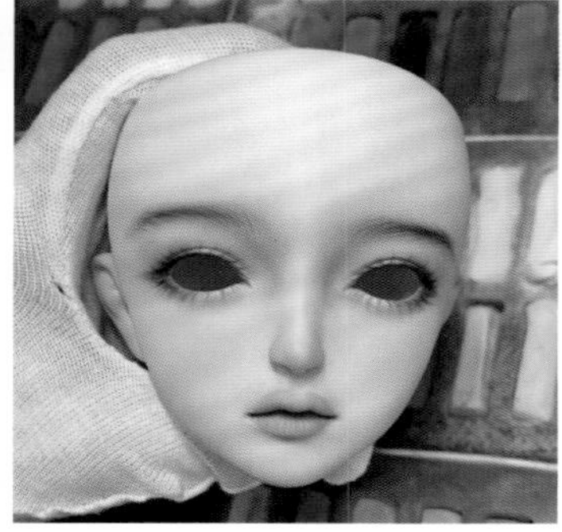

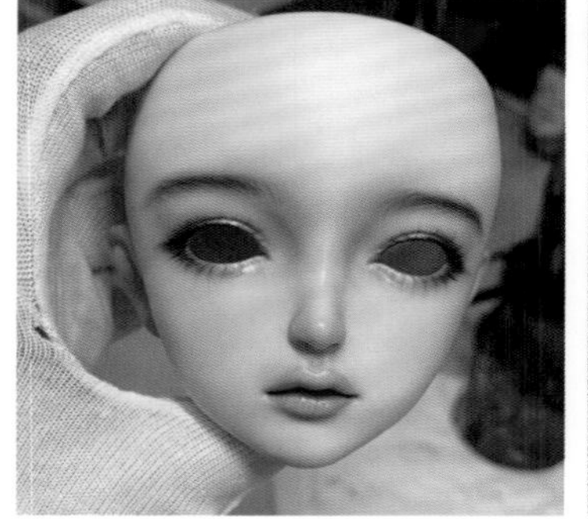

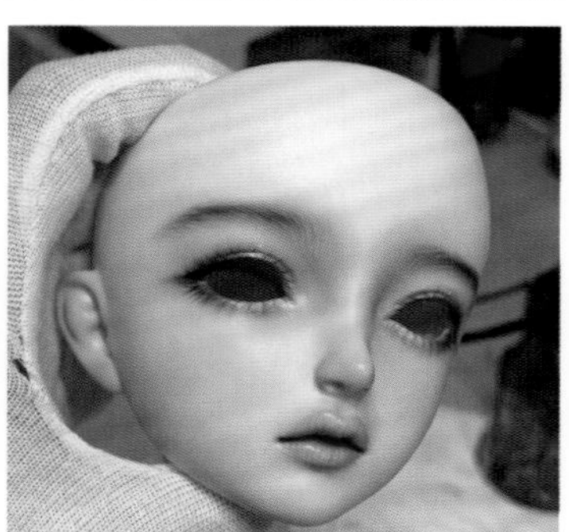

Step❶ ~ ❺
→
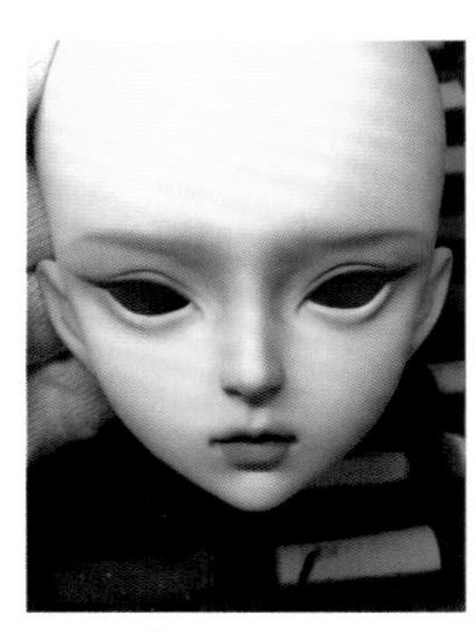

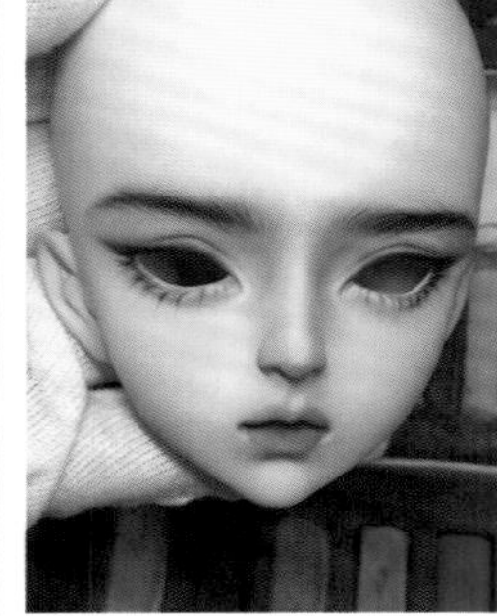

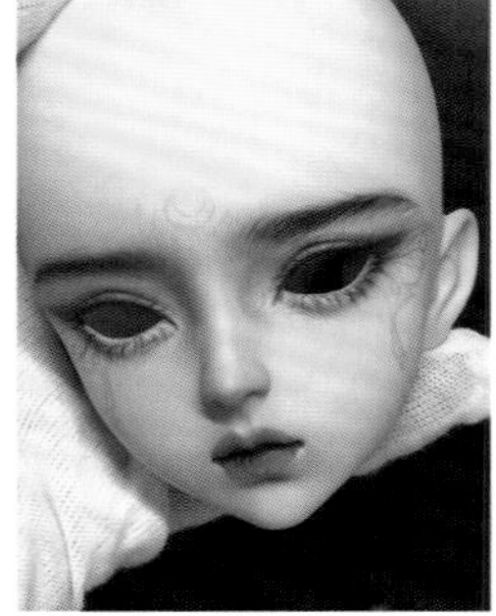

Step❻ ~ ❿
→

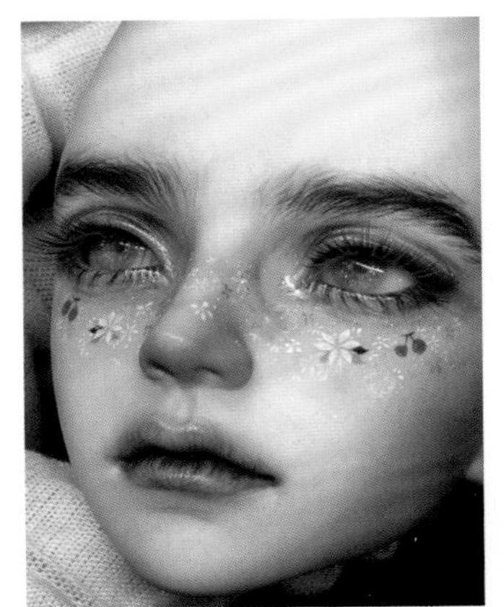

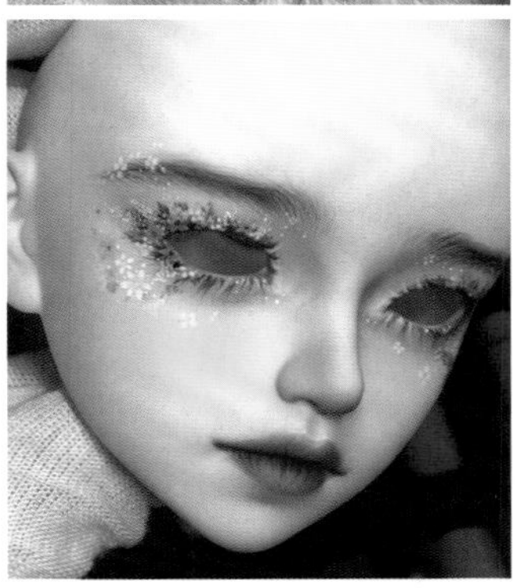

Step ❶~❻ →

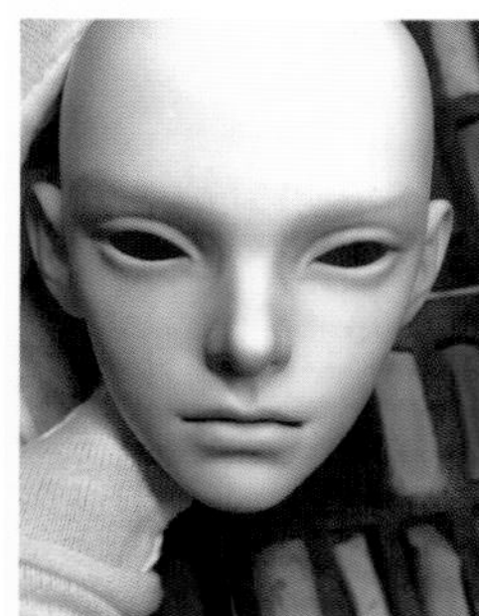

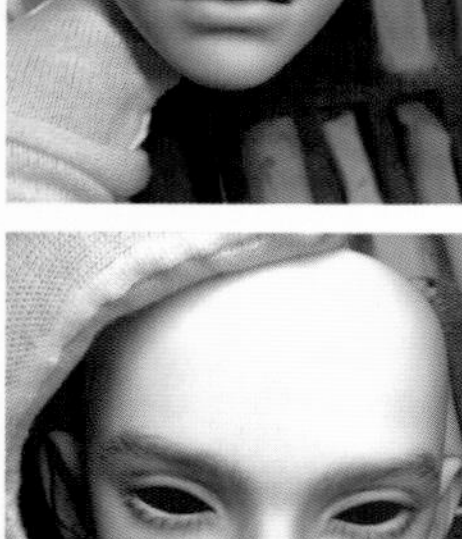

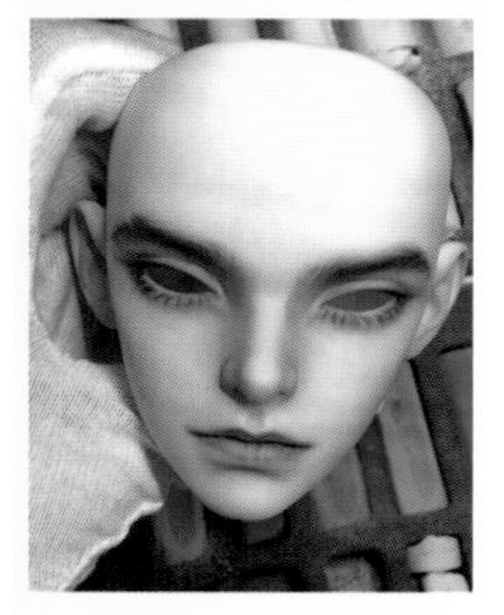

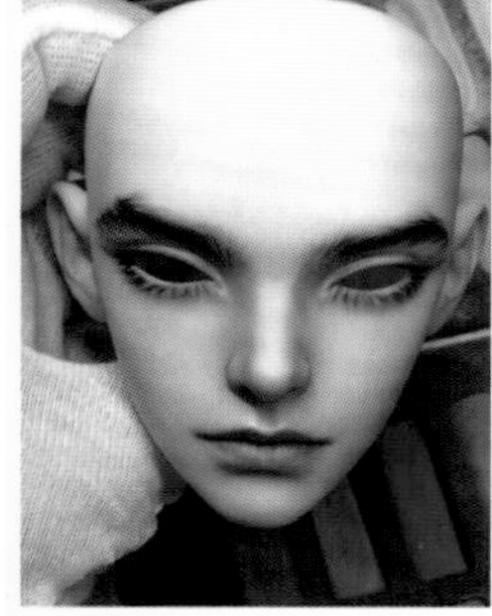

Step1~4→

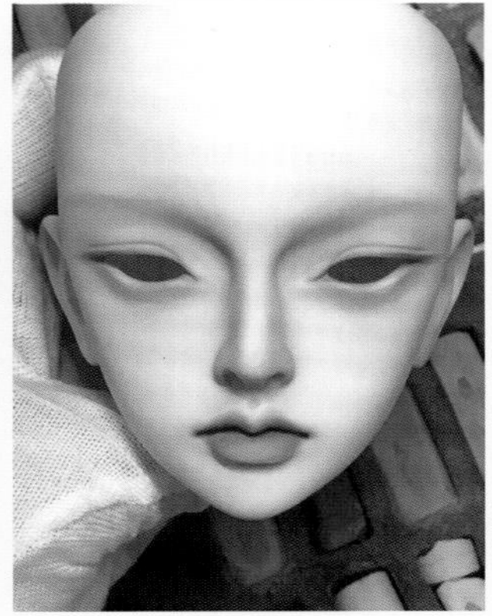

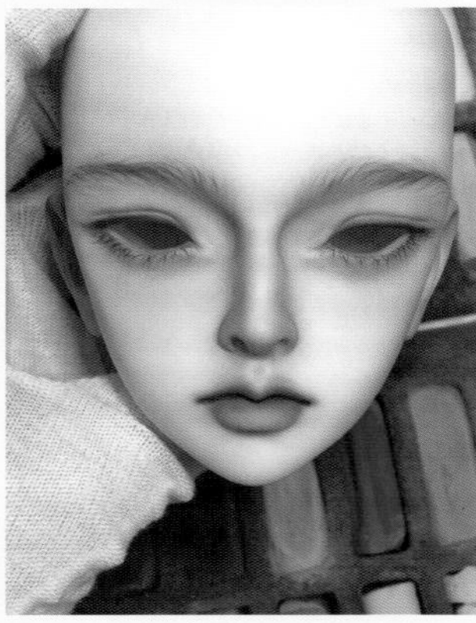

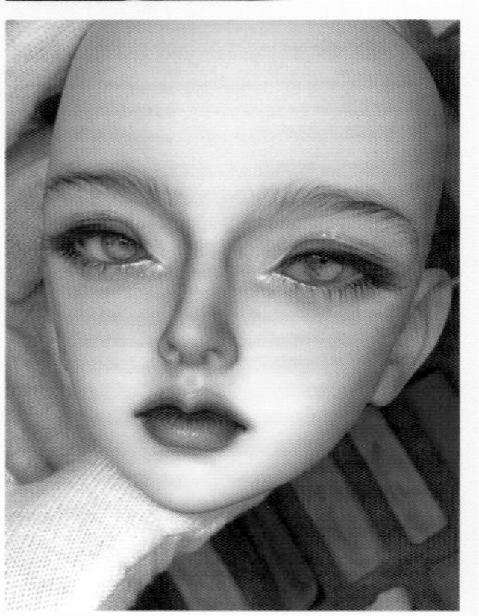

G CCY

VANNI

2019

2019 年，随着时光的流逝和经验的积累，我似乎越来越不在乎别人都在画什么，而更关注我自己喜欢什么。我注意到，单有妆面，作为作品还不够完整，人脸上还有一块非常重要的区域是化妆无法改变的，那就是眼睛。于是，做出能完美适配我的妆面风格的 BJD 树脂眼这件事便被提上日程，同一时期我也在尝试用马海毛做假发。

从 2019 年开始，图片中所有的眼珠都是我自己做的，我对它们非常满意，少部分假发是我自己用马海毛制作的。

冬

Dec. 2019 十二月

夏
2019
Jun. 六月

HAPPY WORLD
THEATER

春

2019 Mar. 三月

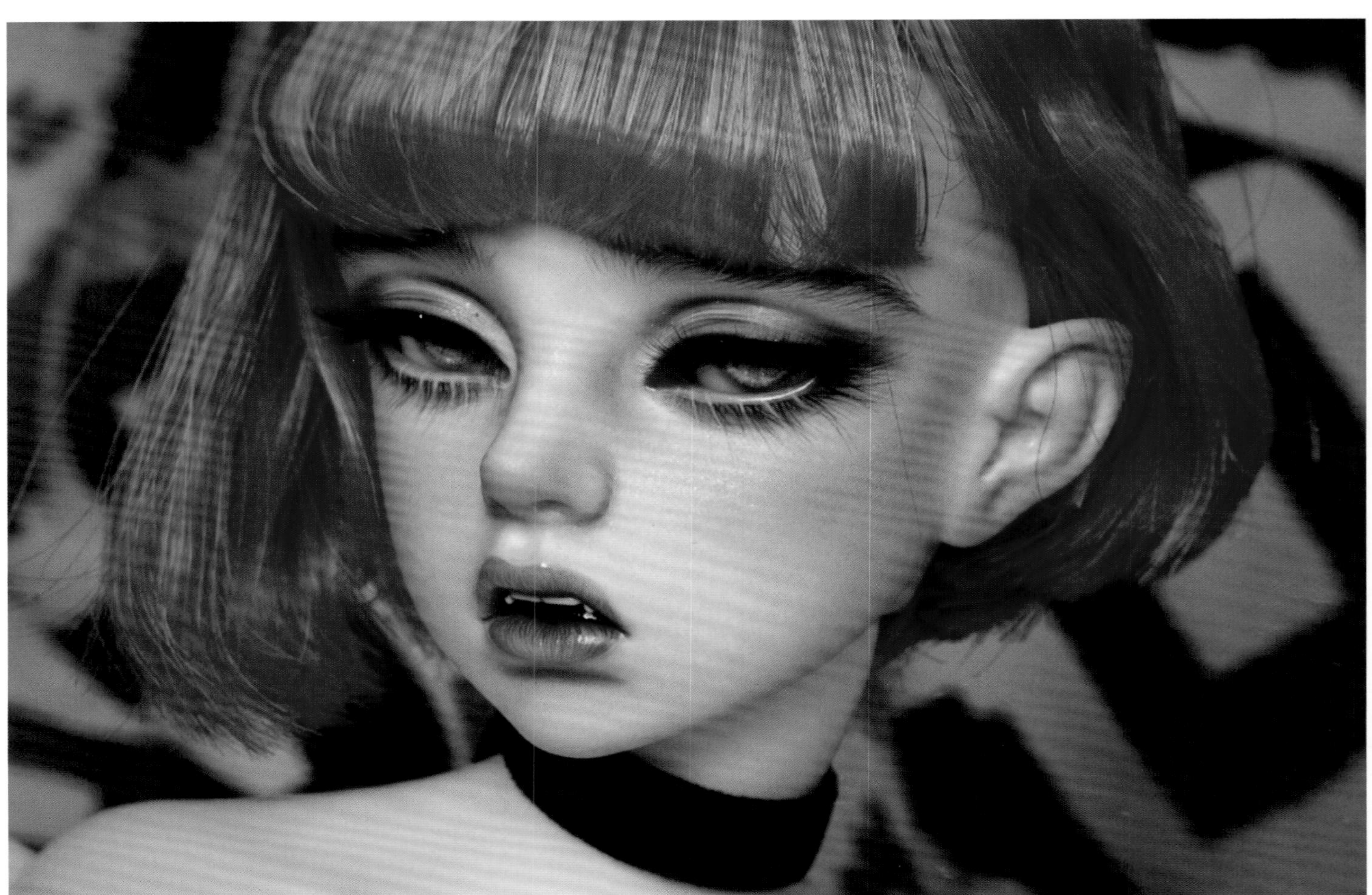

刚开始画娃时我特别渴望被认可，接了非常多免费的妆面订单，只为多画一点，想要每天都能快速地进步。超高强度的练习填满了整个暑假，开学以后，为了保持这样的练习强度，我甚至放弃住在学校里的宿舍，一下课便赶回 20 公里外的家里。学校有课的时候，早上 6 点出发赶早课。因为我画娃需要用到空压机、喷笔、为娃面消光，这些工作耗电量大且具有一定的危险性，所以为了室友的居住体验和安全，不能在寝室里画。

2018 年我不仅将画娃的计划排得很满，还要准备两个专业的毕设和答辩。那段时间事情真是太多太多了，但鲜有事情是我真正想要做的。深夜写着毕业论文的时候，脑子里不断回忆白天画娃的种种细节，心痒难耐地想马上掏出一颗 BJD 的娃头就开始脑内的配色实验。

这样痴迷的状态让我意识到，毕业之后我大概只有这一条路可以走。不是因为没有选择，而是我的心里别无他求。

2018 Dec. 十二月

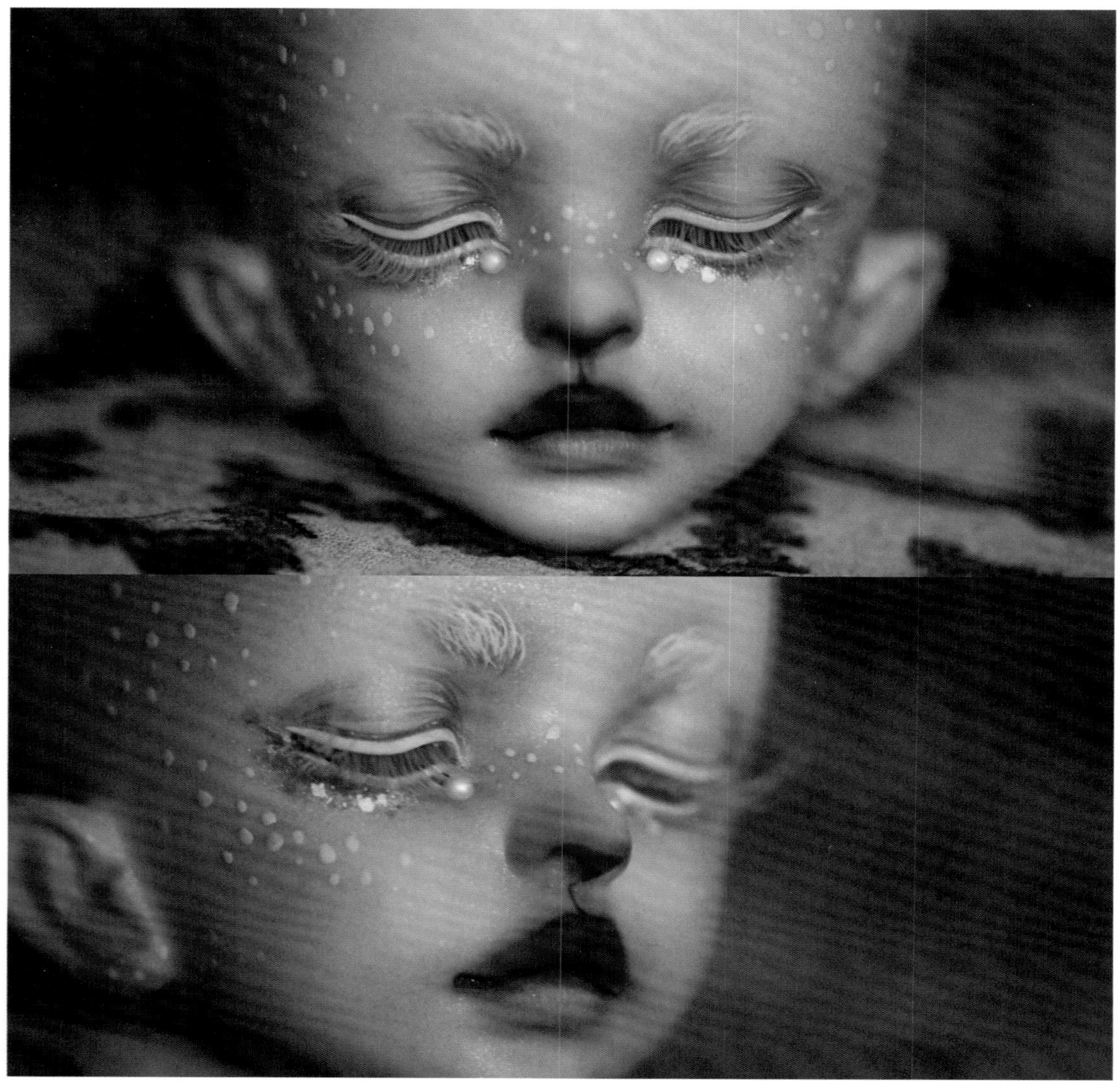

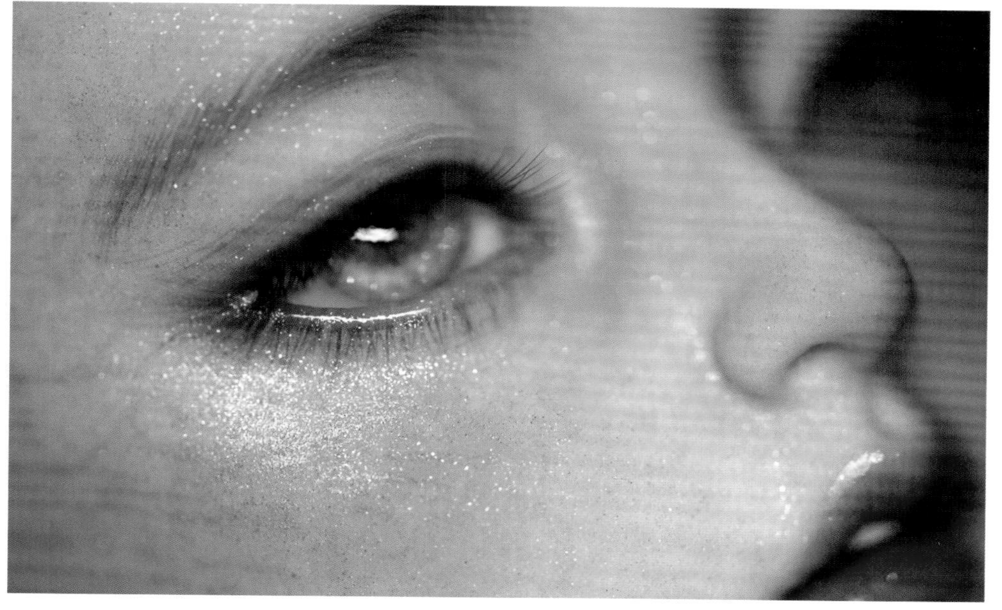

2018 Jun. 六月

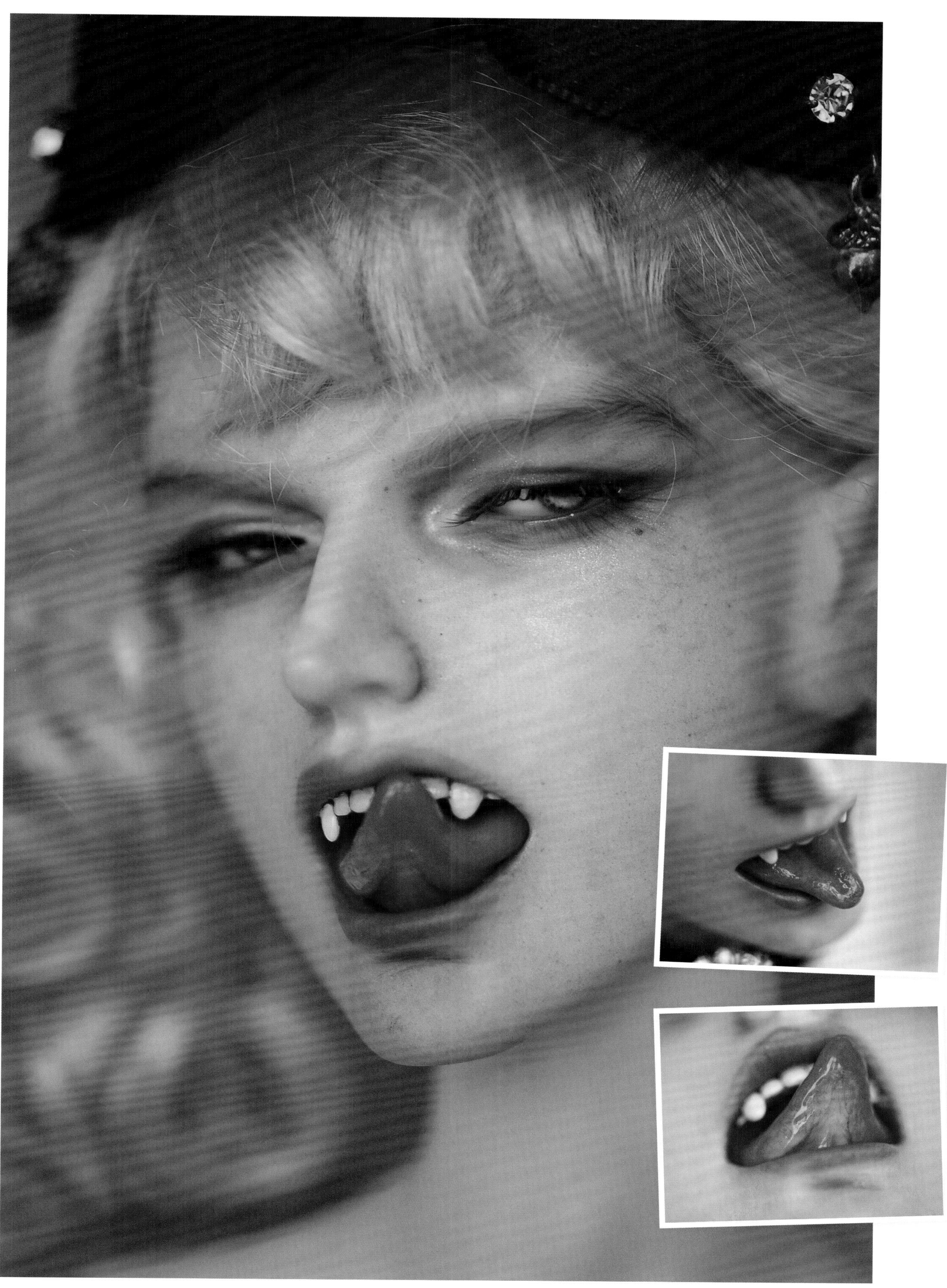

2017

我刚上大学时，家长送给我一整套 BJD 娃娃作为生日礼物。娃娃非常可爱，但那时我没有可以更换的配件，她的妆面也有些呆呆的，所以陪伴我一个寒假以后，我便让她回到箱子里休息了。

到了学业没有那么繁忙的大三，是时候考虑往后人生、事业的规划了，但待选的考研、保研、出国、各种考证等常规“赛道”，总是无法吸引我下决心冲刺。

直到某个深夜，我翻看手机里几年来收藏的几百张 BJD 图片，又从箱子里拿出大一时收到的那个娃娃，看着她呆呆的圆脸，想：不如重新给她化个妆吧，我是美术生，这一定没什么难度的。当然现在看，这想法有些天真，但多亏了那一瞬间的天真，才让我最终下定决心走进关于 BJD 的各种奇妙领域。

冬

2017

Dec. 十二月

秋

2017

Sep. 九月

2017
Apr. 四月

2017
Jan. 一月